U0246375

让孩子尖叫的

STEAM实验室

GONGCHENG
工程

英国尤斯伯恩出版公司　编著

何雨阳　译

这是属于你的独一无二的实验记录手册，
请写下你的名字：

你知道水是如何流
进千家万户的吗？

你想过太空垃圾
该怎样清理吗？

你知道让建筑物更稳固
的方法吗？

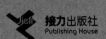
接力出版社
Publishing House

★

目录

学习利用三维立体图完成设计。

为机器人设计程序,让它制作蛋糕。

设计一个清理太空
垃圾的机器人。

用纸模拟织布机
是如何工作的。

设计高科技户外
服，保护户外探
险者。

工程是什么?

工程是指利用科学和技术解决生活中实际的问题。工程既包括改进现有的技术,也包括发明创造全新的东西,它能帮助我们更好地改造世界。

从事工程工作的人叫作工程师。

机械工程师
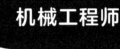

设计、建造各类机械装置,比如汽车、火车、供暖锅炉等。

土木工程师

为城市或乡镇设计、建造大桥、高楼、铁路和公路等。

生物医学工程师

将工程应用在医学领域,创造出更有效的治疗方法,比如设计和制造假肢。

航天工程师

设计、制造飞行器,比如飞机、火箭等。

电气工程师

规划、设计电力系统,以保障我们日常生活用电。

计算机工程师

设计、制造计算机及其零部件,同时编写计算机运行所需的程序。

任何一个领域的工程师都必须具备创造力!

这本书里有什么？

大部分的工程师会先将想法写在或画在纸上。在这本书里，我们将通过许多有趣的头脑风暴来体会工程师思考和解决问题的方法。

设计

建造

解 决

想象

发 明

测试

你需要准备什么？

绝大多数的时候，你只需要这本书和一支笔就可以。偶尔还需要用到胶水、胶带和剪刀。一些题目你可以在第76—80页的参考答案中找到答案。

STEAM实验素材库

在阅读这本书的过程中，你可能需要使用一些模板。请登录网址usborne.swanreads.com/steam，或扫描封底上的二维码下载并打印。

想法很重要！

大部分的工程项目都是从一个需要解决的问题开始的。

 冰激凌融化得太快

 卫生间被水淹了

小狗身上沾满了泥巴

 汽车需要清洗

 睡过头

从上面的问题中挑一个你想解决的问题，或者写出一个你自己的问题。

工程师通常会使用一种方法来帮助自己解决问题，这种方法叫作 **概念化**。

怎么概念化呢？可以试试下面这些小技巧：

文字链法

首先，写下可以描述这个问题的词语；然后，尽可能写出你能想到的与这个问题相关的词语。有时候，这种方法可以带给你意想不到的灵感。

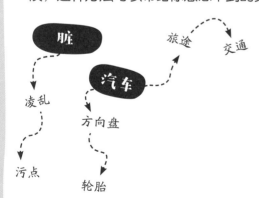

脏
旅途
交通
凌乱
汽车
方向盘
污点
轮胎

细化法

将你的问题分解成一个个更小的问题进行思考和解决。这种方法有一个专业的名称，叫作形态分析法。

座位上有食物残渣

脏脏的汽车

清洗汽车是一件很烦人的事情

窗户上有尘土

未雨绸缪法

还有一种方法，就是在问题发生之前，采取措施防止它们发生。关于这个问题，你能想出一些具体的预防措施吗？

在椅背后安装折叠小桌板？

发明一个可以检测灰尘并自动清理的风扇？

结果导向法

如果无法预防问题发生，那你能不能在问题发生之后，想办法解决呢？

设计一款具有自我清洁功能的窗户？

制造一个可以爬行并且喷洒清洁剂的机器人？

升级改进法

你找到解决问题的方法了吗？如果已经找到，能不能改进或者优化一下呢？

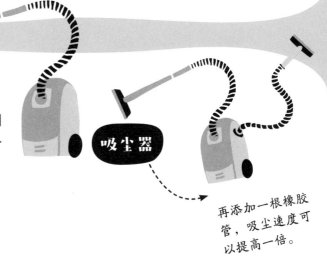

吸尘器

再添加一根橡胶管，吸尘速度可以提高一倍。

有创意的发明

你有什么问题需要解决？请将你想到的所有方法组合起来，设计一件能够帮你解决问题的工具。在下面的空白处画出草图，并在每一个零件旁边写上功能说明吧。

为你的发明起一个名字: _

发明人: _

这项发明可以解决的问题: _

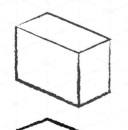

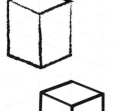

三维立体图

在开始建造一栋楼或一座桥前，工程师需要准确地知道它们完成后的样子，即使是一颗小螺丝钉的位置也要明确，所以工程师通常借助三维立体图来完成设计。

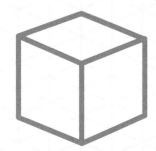

长方体 是最基本的建筑模型，在所有的设计中都会用到。

像这样的网格纸最适合用来画长方体模型。

动手试试吧！

首先，在网格中用铅笔画一个建筑模型。

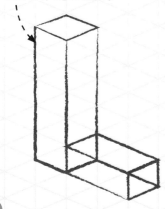

然后，用钢笔将建筑模型的线条描粗，使轮廓更清晰。

等墨水干透后，将原先的铅笔印擦掉，让建筑模型的轮廓更清晰。

你可以借助中空的长方体（看上去像分格箱一样）来绘制曲线。

分格箱

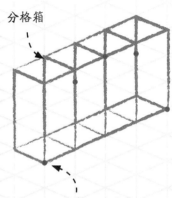

这些红点表示曲线与分格箱的交点，可以辅助你画出曲线。

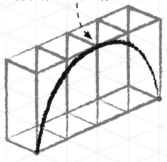

动手画一条曲线吧！

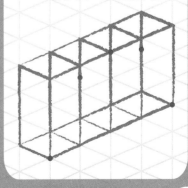

创意设计

绘制一段阶梯。

设计一座你的姓名拼音首字母形状的雕塑。

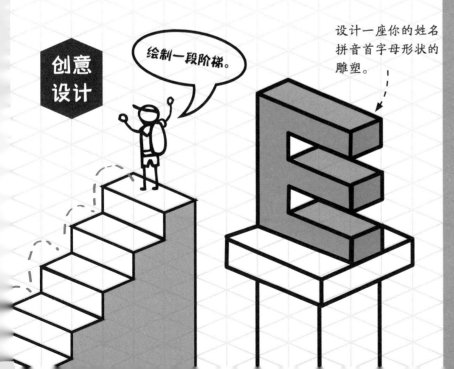

城市规划

在这里展示一下你学到的技能吧！用三维立体图绘制摩天大楼、桥梁和其他建筑物，将这座城市规划得井井有条。

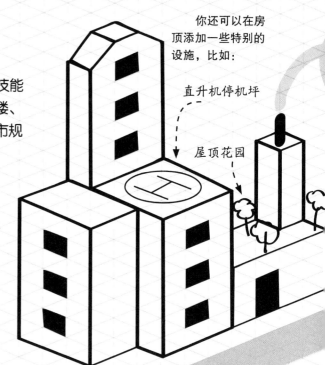

你还可以在房顶添加一些特别的设施，比如：

直升机停机坪

屋顶花园

别忘记画上窗户和大门。

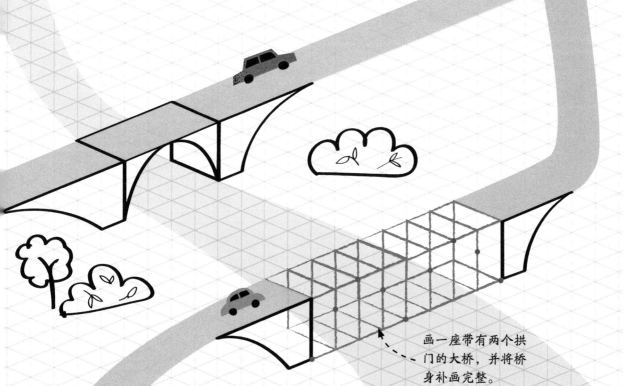

画一座带有两个拱门的大桥，并将桥身补画完整。

你还可以添加更多的街道、住宅楼和写字楼等。

城市建筑

钟楼

风力
发电机

城堡

工厂

结实的承重柱

在建筑物中，柱子起着支撑作用，承载着房屋的重量。

柱子承受的重量会被分散到柱子的各个棱角上。重量被分散得越均匀，柱子的承重能力就越强。

棱   角

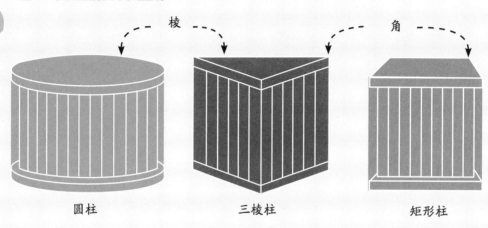

圆柱   三棱柱   矩形柱

猜一猜，上面哪种形状的柱子承重能力最强？

制作： 请使用右侧的模板，或者从"STEAM实验素材库"中下载并打印，然后根据步骤指导，制作三根高度相同的柱子。

测试： 将这本书分别放在三根柱子上，然后依次在上面加放一本相同大小的书，直到柱子倒塌。哪根柱子承载的书的数量最多？

形状　可放置书的数量

圆柱　------------

三棱柱　------------

矩形柱　------------

请翻到第76页了解其中的原因。

在此处粘贴

圆柱（没有棱）

沿此线裁剪

在此处粘贴

沿此线折叠

三棱柱（有三条棱）

沿此线折叠

沿此线折叠

沿此线裁剪

在此处粘贴

沿此线折叠

矩形柱（有四条棱）

沿此线折叠

沿此线折叠

沿此线折叠

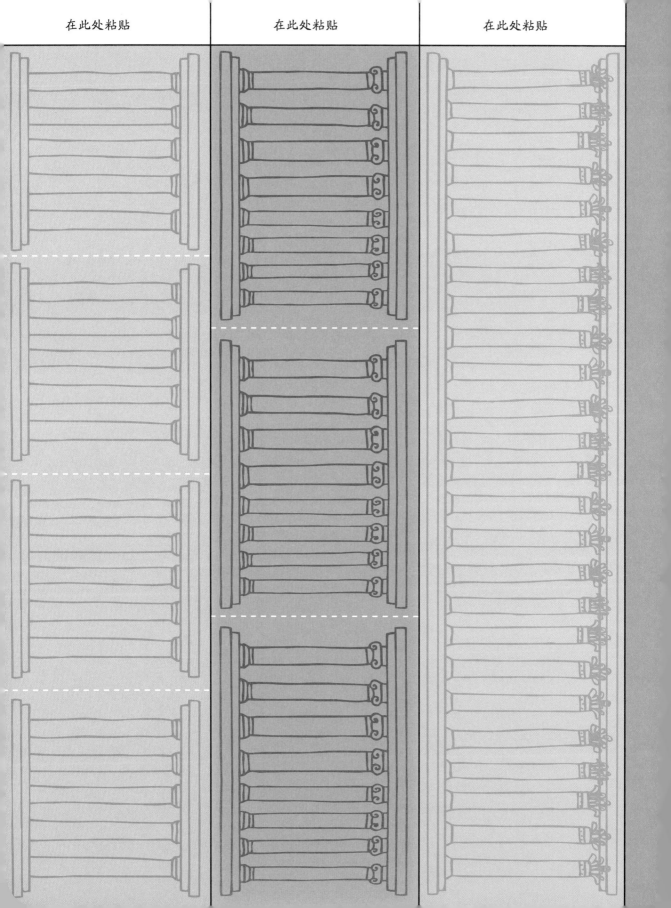

机器中的齿轮

齿轮是一种边缘带齿的轮子。如果两个齿轮可以互相啮合，那么它们就能一起转动。工程师可以利用齿轮，将机器的不同零部件连接在一起。

齿轮的齿

当两个齿轮互相啮合时，其中一个齿轮顺时针转动，会带动另一个齿轮逆时针转动。

齿轮的直径越大，齿数越多，就能带动另一个齿轮转动得越快。

像工程师一样思考

请你想一想，为了让下面的小老鼠吃到奶酪，最上面的齿轮应该沿顺时针方向转动，还是沿逆时针方向转动？

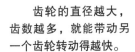

顺时针

逆时针

哇，好香的奶酪！

提示：从最后一个齿轮开始推算。在齿轮旁画上箭头，用来表示它们转动的方向。

机械让我们更轻松

这里介绍了六种简单机械，这些机械可以帮助工程师更轻松地完成推、拉、提等任务。它们为工程师提供了很多便利。

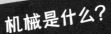
机械是什么?
机械是可以用来辅助我们完成工作的工具或设备。

轮轴由轮和轴组成，可以帮我们更轻松地移动物体。

连接两个轮子的横杆叫作轴。

滑轮使升降重物变得更省力。

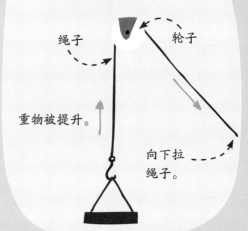

绳子

轮子

重物被提升。

向下拉绳子。

杠杆可以绕着固定点（支点）转动并抬升物体。

向下压杠杆。

物体被抬升。

固定点（支点）

斜面，也叫作斜坡，能够帮我们更省力地将物体从低处提升到高处。

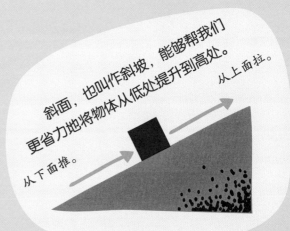

从上面拉。

从下面推。

楔子可以帮我们快速分离物体。斧头和止门器就是生活中常见的楔子。

螺丝可以轻松地钻进坚硬的物体内并紧固物体。（旋转螺丝就可以将它拧进或拧出。）

提示：下面这些任务需要借助不同的简单机械来完成，请你设计一下吧！

要将香蕉运送到货车里，借助哪种简单机械能更省力？

起重机要将船从水中打捞出来，应该借助哪种简单机械？

哪种简单机械可以将西瓜劈成两半？

落下前

哪种简单机械能让左边的运动员落下后，右边穿条纹衣服的运动员被抬升？

落下后

想一想，当右边的运动员落下时又会发生什么。请你画出来吧！

汽车的心脏

内燃机最早发明于19世纪，是一种将燃料燃烧后产生的热能转化为动能的机器。

让我们一起来看看，汽车内部发生了什么？

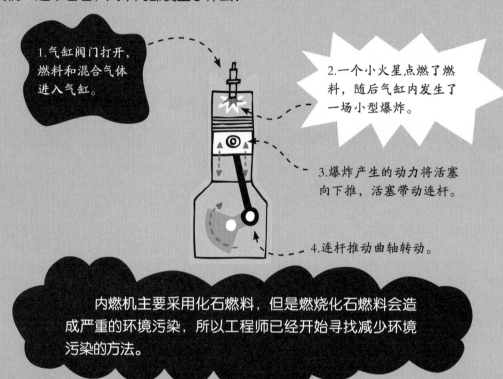

1.气缸阀门打开，燃料和混合气体进入气缸。

2.一个小火星点燃了燃料，随后气缸内发生了一场小型爆炸。

3.爆炸产生的动力将活塞向下推，活塞带动连杆。

4.连杆推动曲轴转动。

内燃机主要采用化石燃料，但是燃烧化石燃料会造成严重的环境污染，所以工程师已经开始寻找减少环境污染的方法。

其中一个方法是制造……

混合动力汽车

混合动力汽车是指同时装有电力发动机和传统内燃机的汽车，这样可以大大减少燃料的消耗。

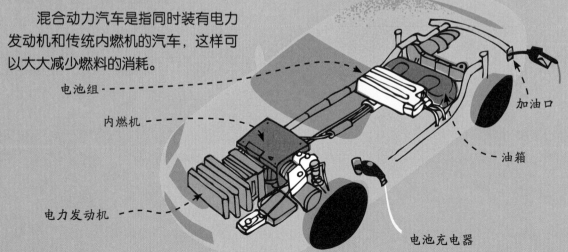

电池组

内燃机

电力发动机

加油口

油箱

电池充电器

设计一辆混合动力汽车

请你设计一辆酷炫的混合动力汽车，并画在空白处，要同时装有传统内燃机和新型清洁能源发动机。下面有一些清洁能源供你采用，你也可以开发其他的清洁能源哟。

风能

踏板动能

在跑步机上跑步时产生的能量

坚实的桥梁

当车辆驶过一座桥时，桥梁会发生拉伸或挤压，只是我们的眼睛难以察觉。

发生了什么？

重力

汽车的重量对桥面产生了压力和张力。

压力

桥面的上表面在压力作用下向中间挤压，如图中红色虚线所示。

张力

桥面的下表面在张力作用下由中间向两侧拉伸，如图中绿色虚线所示。

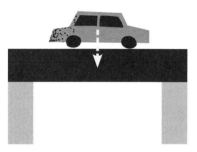

汽车的重量也使桥墩承受着巨大压力。

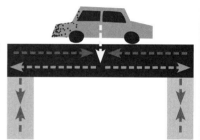

车辆的重量越大，桥面所受的张力和压力也越大。

桥梁承受的压力和张力一旦过大，就会……

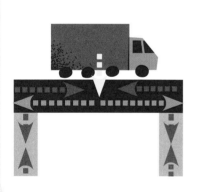

倒塌

压垮

断裂

桥梁每个部分所能承受的张力和压力都是有限的，这就是**弹性极限**。

桥墩越多，桥墩的间距越小，桥面所受的压力和张力就越小，桥梁就越坚固。

悬索桥会在桥上添加额外的支撑物——钢缆索。

钢缆索可以避免桥梁各部位达到弹性极限。

建造一座桥

动手测试一下不同类型桥面的承重能力吧！请你使用下面的模板，也可以从"STEAM实验素材库"中下载并打印。

提示：请翻到下一页记录你的测试结果。

实验：

1. 按照右边的图示，用图书和模板搭建一座桥梁，然后在桥面上放置一些小物体，比如硬币、积木等。每次添加一个，直到桥梁倒塌。它可以承载多少个物体？

2. 沿着白色虚线折叠模板，然后重复上面的实验。测试一下，这次它可以承载多少个物体？

3. 沿着黑色虚线折叠模板，继续重复上面的实验。这次它又能承载多少个物体呢？

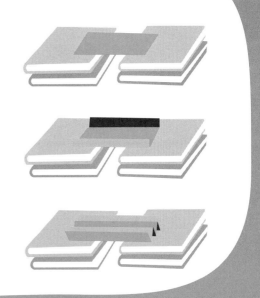

桥梁模板

这些桥梁分别可以承载多少个物体?

哪一座桥梁最坚固？ 1 / 2 / 3

桥梁1 _____

桥梁2 _____

哪一座桥梁最脆弱？ 1 / 2 / 3

桥梁3 _____

史上最坚固的纸质桥梁之一是由一个
学生在物理实验中建造出来的。

这座桥梁是用胶带、
胶水和90张普通的纸
制作出来的。

"天哪!"

它的承重能力
竟然可以达到
480千克!

也就是说可
以承载两头
成年灰熊!

流进千家万户

水从水龙头里流出来之前要经过一系列的处理环节，这可是一项大工程。工程师需要将自然界中的淡水资源净化处理后输送到每家每户。

下面这些不同地方的水资源应该采用哪种方式输送到城市里呢？请将问题和相应的解决方法用线连起来。

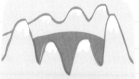

丘陵地区

工程师该如何将湖水引出呢？

地下河流

怎样开发利用地下河水资源？

峡谷

怎样引水越过峡谷呢？

被污染的水

被污染的水该如何净化？

通过隧道和管道从地下输送水。

高架渠是桥梁的一种，可以引水越过峡谷。

污水处理厂可以净化污水，使水达到可饮用标准。

水往低处流，这是自然规律，但是水泵可以把水输送到高处。

在一些城市，从厕所排出的水会被集中回收到污水处理厂，经过净化后，被输送到千家万户作为生活用水。

月球基地

月球是我们探索太空的理想"根据地",但是如果要在上面建立基地,我们还需要克服许多困难。

太空危胁

月球面临着被小行星撞击的危险,而且月球上还有强烈的辐射。

解决方法:

建立地下城。月球表面覆盖着坚硬的岩石和厚厚的月壤,可以保护地下城。

温差极大

月球上的一天相当于地球上的一个月。月球上昼夜温差极大,白天的温度可达100℃以上,夜晚的温度又可以降至零下180℃左右。

解决方法:

太阳能电池板可以吸收太阳光,将太阳辐射能转换成电能,给制冷和制暖系统供电,调节温度。

尘土飞扬

月壤中有许多岩石碎屑和尘埃,这些小颗粒物会损害基地的设施或实验探测设备。

解决方法:

月壤中含有大量的铁,铁可以被磁铁吸附。所以航天员在返回基地前,可以先利用磁铁清洁航天服。

请你设计一座宏伟的月球地下城吧！想一想，地下城中应该有哪些设施。

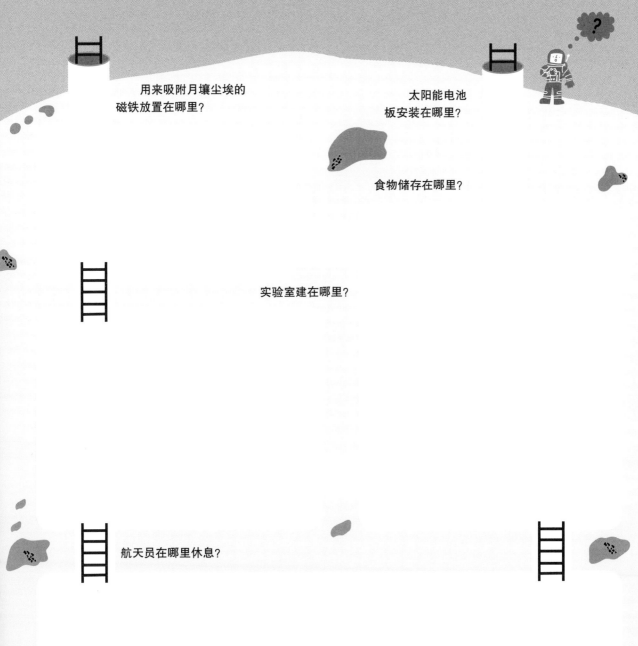

用来吸附月壤尘埃的磁铁放置在哪里？

太阳能电池板安装在哪里？

食物储存在哪里？

实验室建在哪里？

航天员在哪里休息？

大自然的灵感

当工程师们想找到一些创造性的方法解决问题时，他们会到大自然中寻找灵感。这种模仿生物构造和功能的发明与创造形成了一门新的学科——仿生学。

自然	发明

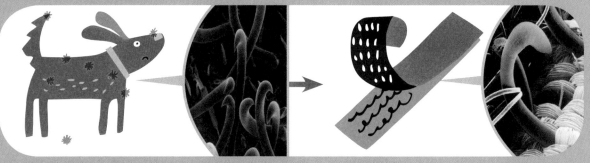

牛蒡的种子带有细小的钩，可以钩在经过的动物身上，这样种子就可以在更多的地方扎根。

这就是魔术贴的灵感来源。现在，魔术贴已经被人们广泛应用。

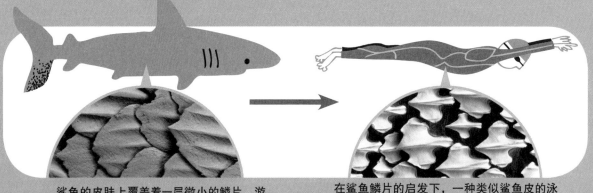

鲨鱼的皮肤上覆盖着一层微小的鳞片，游动时水流被鳞片分流，可以减少水的阻力。

在鲨鱼鳞片的启发下，一种类似鲨鱼皮的泳衣诞生了。这种泳衣能够提升人们的游泳速度，以至于奥林匹克运动会禁止运动员身穿这种泳衣参加比赛。

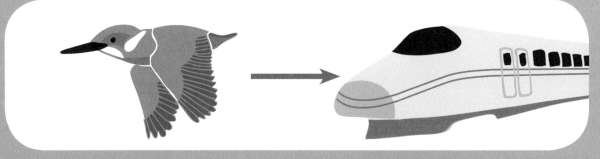

翠鸟喙部尖尖的形状利于减小空气阻力，提高飞行速度。

日本工程师根据翠鸟喙部的形状设计出了高速列车（又称子弹头列车）的"鼻子"，大大提高了列车的速度。

你能设计一种清洁房间的工具吗？下面有一些想法，或许能给你启发。你也可以在大自然中寻找灵感。

变色龙长着长长的舌头……

你能利用类似的特点设计出捡拾垃圾的功能吗？

蝙蝠可以通过发出超声波在黑暗中发现目标。

你能利用类似的特点设计出搜寻丢失在床下的物品的功能吗？

仙人掌有尖利的刺……

你能利用类似的特点设计出收集散乱袜子的功能吗？

深海探险

探测深海对人类而言充满挑战，所以软件工程师通过编写程序让海洋机器人进行深海探测。

如果没有得到精确的指令，也就是我们所说的程序，机器人就无法工作。

程序向机器人发出指令，告诉机器人应该怎样做。

加速　　　　**向左转**　　　　**拾取**

请给下面的海洋机器人下达指令，让它游到有贝壳的海洞中。

指令

→
向前移动一格

↻
顺时针转90°

起点

↺
逆时针转90°

编写程序：

机器人只能选择"是"或"否"，所以给它们设计的问题只能有"是"或"否"这两种答案。

是。 **继续前进**

道路干净吗?

否。 **停止前进**

软件工程师会这样编写程序:

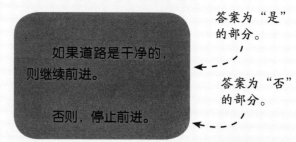

如果道路是干净的，则继续前进。

否则，停止前进。

答案为"是"的部分。

答案为"否"的部分。

在下面多画一些不同样子的贝壳，然后在黄色方框中写下机器人的程序指令，使机器人收集到符合要求的贝壳。

比如:

如果贝壳是白色的，请收集。

否则，不收集。

这个指令让机器人只收集白色的贝壳。

彩色的

有螺旋纹的

尖刺状的

星星形状的

有图案的

光滑的

颜色	**纹理**	**形状**
如果贝壳是	如果贝壳是	如果贝壳是
-------------	-------------	-------------
请收集。 否则，不收集。	请收集。 否则，不收集。	请收集。 否则，不收集。

机器人厨师

软件工程师在编写程序代码时也会犯错误，这种错误叫作"BUG"（漏洞），改正错误的过程叫作"DEBUGGING"（修补漏洞）。

下面的程序是为蛋糕工厂的机器人编写的。
这个程序命令机器人制作一个巧克力蛋糕，并在蛋糕上面摆放星形巧克力。

编写程序：

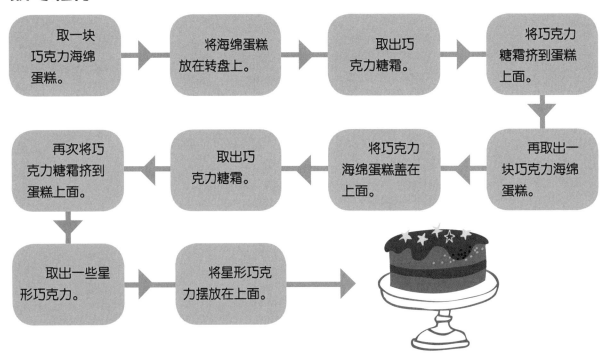

取一块巧克力海绵蛋糕。 → 将海绵蛋糕放在转盘上。 → 取出巧克力糖霜。 → 将巧克力糖霜挤到蛋糕上面。

再次将巧克力糖霜挤到蛋糕上面。 ← 取出巧克力糖霜。 ← 将巧克力海绵蛋糕盖在上面。 ← 再取出一块巧克力海绵蛋糕。

取出一些星形巧克力。 → 将星形巧克力摆放在上面。 →

程序中的任何一个漏洞都可能造成蛋糕制作失败，比如……

制作顺序错了。

配料不正确。

难吃！

打错字或者输入的指令机器人无法识别等，这些都会导致机器人……

无法正常工作！

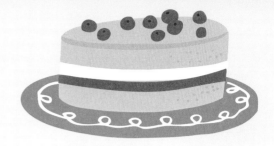

下面是一个制作蛋糕的新程序，要求在蛋糕中间夹上果酱和奶油，并在上面铺一层浆果。

编写程序：

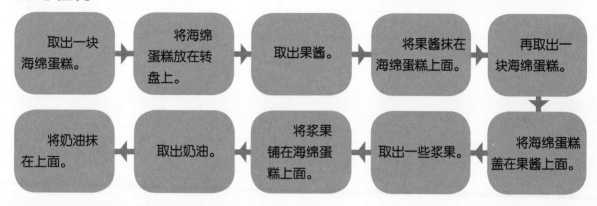

取出一块海绵蛋糕。 → 将海绵蛋糕放在转盘上。 → 取出果酱。 → 将果酱抹在海绵蛋糕上面。 → 再取出一块海绵蛋糕。

将奶油抹在上面。 ← 取出奶油。 ← 将浆果铺在海绵蛋糕上面。 ← 取出一些浆果。 ← 将海绵蛋糕盖在果酱上面。

你发现了吗？这个程序存在一些漏洞……

测试程序：

根据上面的程序，在方框中按步骤画出，最终你得到了什么？

找出程序中的漏洞吧！

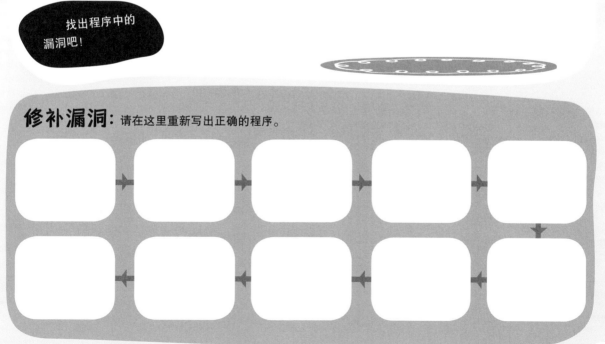

修补漏洞：请在这里重新写出正确的程序。

33

动手试一试

你喜欢什么样的蛋糕？先在空白处画一画，然后编写一个程序，让机器人将它制作出来。

一些工程师还会编写让机器人制作漂亮图案或书写文字的程序。

蛋糕的名字：------------------------------

配料

棉花糖糖霜？

彩虹糖？

可食用的亮片？

迷你蛋白酥？

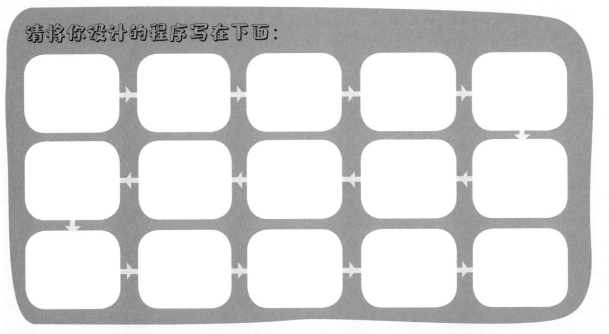

请将你设计的程序写在下面：

强大的惯性

物体具有保持自身原有运动状态或静止状态的性质，比如桌子上的水杯不会自己移动，这是物体的一种固有属性，称为惯性。

动手做一个简单的实验来探究惯性吧！

从纸上裁下一段小纸条，约20厘米长、5厘米宽。再找一根固体胶，或者一个和固体胶的尺寸与重量相近的物体。

如图所示，将固体胶或其他物体放在纸条上。

纸条的一半悬垂在桌子边缘。

快速抽出纸条。

反复实验几次。

发生了什么？

固体胶有一定的惯性。抽出纸条的速度越快，固体胶和纸条之间产生的摩擦力越不足以克服固体胶的惯性，所以固体胶越不容易倒。

物体的质量越大，惯性就越大，它的运动状态也越难被改变。

土木工程师在设计建筑物时，必须考虑惯性的问题，以保证面临大风、地震等危险时，建筑物能够屹立不倒。

地震 测量仪

你知道地震的级别和强度是怎样测量出来的吗?

地震起始于地下某一点,这个点叫作震源。

地震时释放的能量以地震波的形式从震源向四面八方传播。

由此引起了地面震动。

几个世纪以来,工程师孜孜不倦地研究发明可以测量出地震强度的仪器。

1783年: 皮纳将一块巨大的带有指针的岩石悬挂在天花板上。

相对于地震时晃动的地面,岩石(或叫钟摆)是相对静止的。

这样指针就可以在沙盘中记录下地面运动的轨迹。

结果:指针在沙盘中留下一个图案。

请你分别画出强震和弱震在沙盘中留下的图案吧。

这是因地面强烈晃动而造成的。线条的长度越长,意味着地震的强度越大。

这台仪器可以显示出地震强度随时间发生的变化。

钟摆悬挂在一个特殊的框架中，地面晃动时这个框架使钟摆能够保持静止。

指针在一个随地面晃动的玻璃盘上记录地面运动的轨迹。

结果：指针在玻璃盘中留下一个图案。

你能根据提示将地震留下的图案画完整吗？

曲线越高，表示地震强度越大。

曲线越宽，表示地震波传播速度越慢。

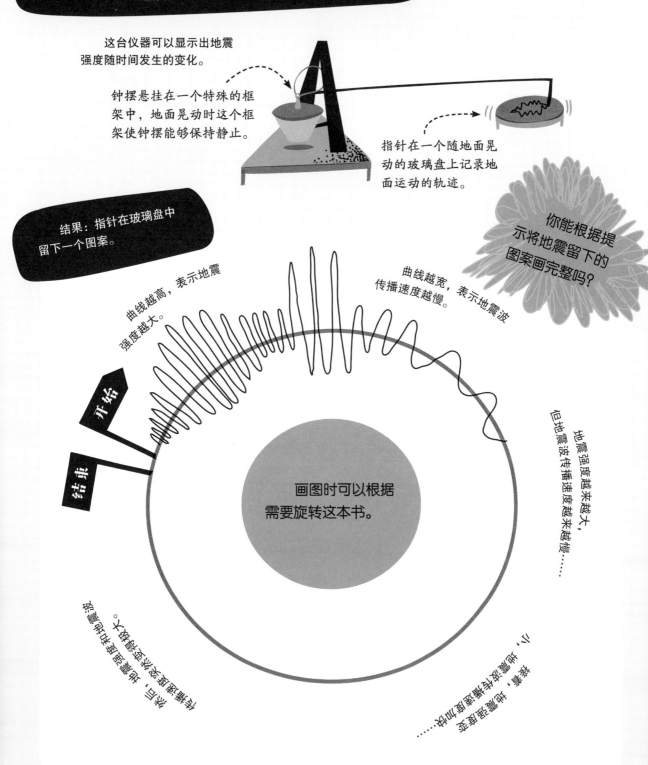

开始

结束

画图时可以根据需要旋转这本书。

地震强度越来越大，但地震波传播速度越来越慢……

……接着，地震波传播速度越来越快，但地震强度越来越小。

锁定犯罪嫌疑人

软件工程师研发出了人脸识别技术，可以对人的脸部特征进行分析、检测等。这项技术已经用于追踪犯罪嫌疑人。

计算机先从犯罪现场的监控录像中查找嫌疑人的脸。

再将嫌疑人脸部的各个关键点连接起来，形成网格。

最后，将这个网格与警方建立的犯罪嫌疑人档案中的人脸进行对比。

就像指纹一样，每个人的脸部特征都是独一无二的。所以，一旦网格能够匹配成功，就可以证明该嫌疑人就是在犯罪现场出现的那个人。

谁干的？

警方从抢劫案发现场的监控录像中得到了犯罪嫌疑人的照片，但是嫌疑人的脸部模糊不清。计算机识别出的网格如右图所示。

请测量这个对称图形其中一侧各条线的长度，这对识别嫌疑人至关重要。

现在，将每一个嫌疑人脸部的关键点用尺子连接起来，然后测量同一侧线条的长度。哪一张图与左侧网格图中的线条长度一致呢？这就是出现在案发现场的嫌疑人。

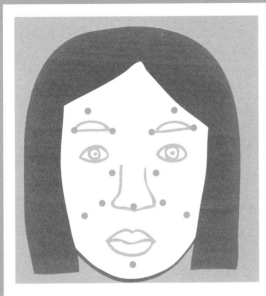

嫌疑人A

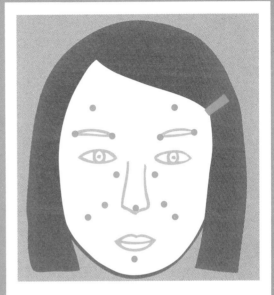

嫌疑人B

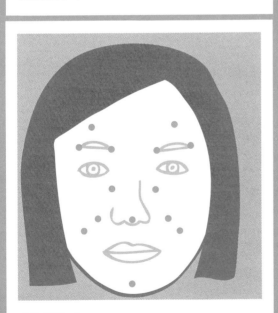

嫌疑人C

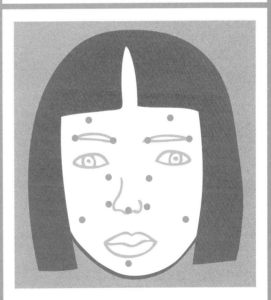

嫌疑人D

谁是嫌疑人？ _ _ _ _ _ _ _ _ _ _ _ _ _ _

太空垃圾

环绕地球轨道运行，但已经没有任何使用
价值的各种人造物体都属于太空垃圾。

比如……

人造卫星碎片

火箭助推器
残骸

航天员不小心遗落的
太空手套

太空垃圾运行的速度非常快。一
件手掌大小的太空垃圾就可以穿透人
造卫星的表面。

航天工程师正在研制一种可以
清理太空垃圾的机器，下面是他们
的一些想法：

"太空清理一号"

利用光学传感器锁定
太空垃圾的位置。

伸缩机械臂

可伸缩的机械臂能够抓
住太空垃圾，并把它们装到
篮子里……

然后再将垃圾用力
扔向地球。垃圾在穿越
地球大气层时会因摩擦
而产生大量的热，最后
燃烧殆尽。

张开巨大的网，捕捉到
太空垃圾后收网。

而扔垃圾产生的反
作用力又驱使伸缩机械
臂继续前进，去抓取下
一件太空垃圾。

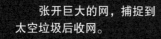

地球大气层

然而，目前的设计方案中没有一个是十分理想的。你能想出其他更好的方法吗？请在下面的空白处画出你的想法。

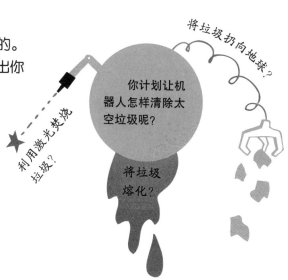

将垃圾扔向地球？

利用激光焚烧垃圾？

你计划让机器人怎样清除太空垃圾呢？

将垃圾熔化？

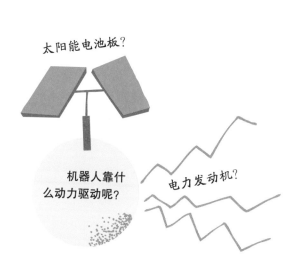

太阳能电池板？

机器人靠什么动力驱动呢？

电力发动机？

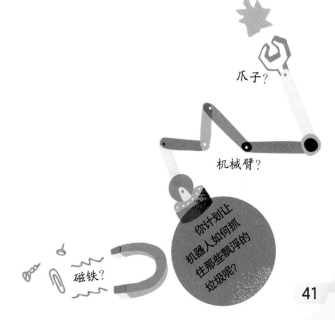

爪子？

机械臂？

你计划让机器人如何抓住那些飘浮的垃圾呢？

磁铁？

41

翻山越岭

利用能量转换原理设计的过山车，不需靠发动机就能够"翻山越岭"。

一台机械装置将过山车推向第一个高点，然后过山车沿坡道下行。过山车下行时，有两种能量使它保持继续前进的状态。

动能

也就是物体由于做机械运动而具有的能量。

重力势能

这是物体因为重力作用而具有的能量。物体所处的位置越高，重力势能越大。

当过山车下降时，重力势能转化成动能。

当过山车爬升到高处，动能又转化成了重力势能。

但是仅仅依靠这两种能量，过山车无法一直保持运动的状态。

过山车运动过程中还会受到摩擦力的影响。过山车轮与轨道摩擦，一部分动能会转化成热能和声能，动能就会有所损耗。

热能

声能

所以过山车的后半段路程要设计得相对平缓些，否则因为能量损耗，过山车很可能无法到达终点。

起点

终点

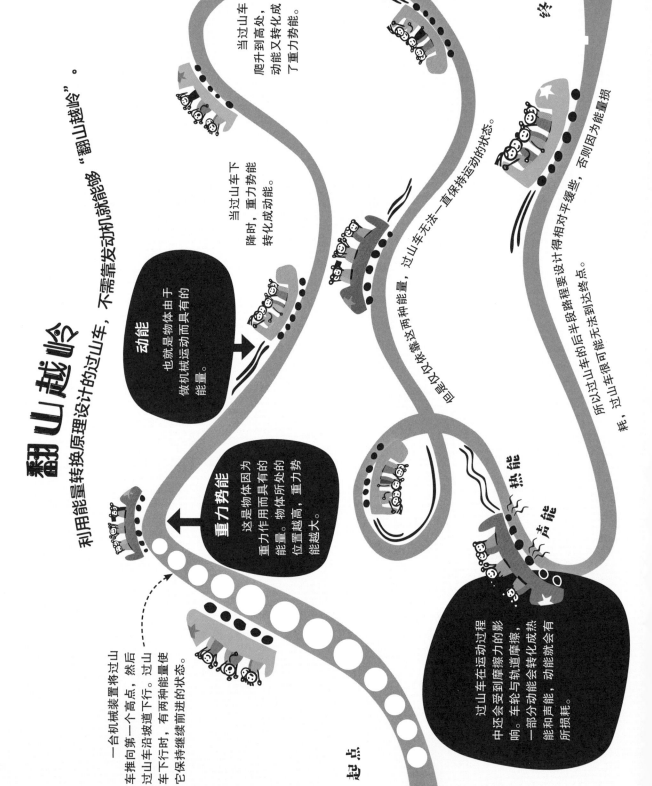

设计一座越陡峭的过山车，画在下面的空白处。

坡面越陡，高度越高，过山车下降时产生的动能就能越大。

但是后半段路程的坡度与长度要逐渐变小，以保证过山车能够顺利到达终点。

如果你希望后面的坡度越来越大，那就需要添加额外的机械装置来推动过山车。

信息高速公路

当多台计算机连接在一起时就组成了网络。目前世界上最大的网络是因特网（Internet），因特网实现了全球信息共享。

一台计算机发送数据时，会将数据拆分成一个个小"数据包"。

路由器将这些数据包通过网络进行传输。

S1

一个数据包有多条不同的传输路径。

一台叫作服务器的设备会处理数据包并决定它们的去向。

S2

如果有的网络出现故障，

路由器会自动寻找其他可用的路径。

另一台服务器会将数据包发送给目标计算机。

数据包到达目标计算机的时候，会按正确的顺序组合还原，数据共享就完成了。

维护网络正常运行是网络工程师的职责。

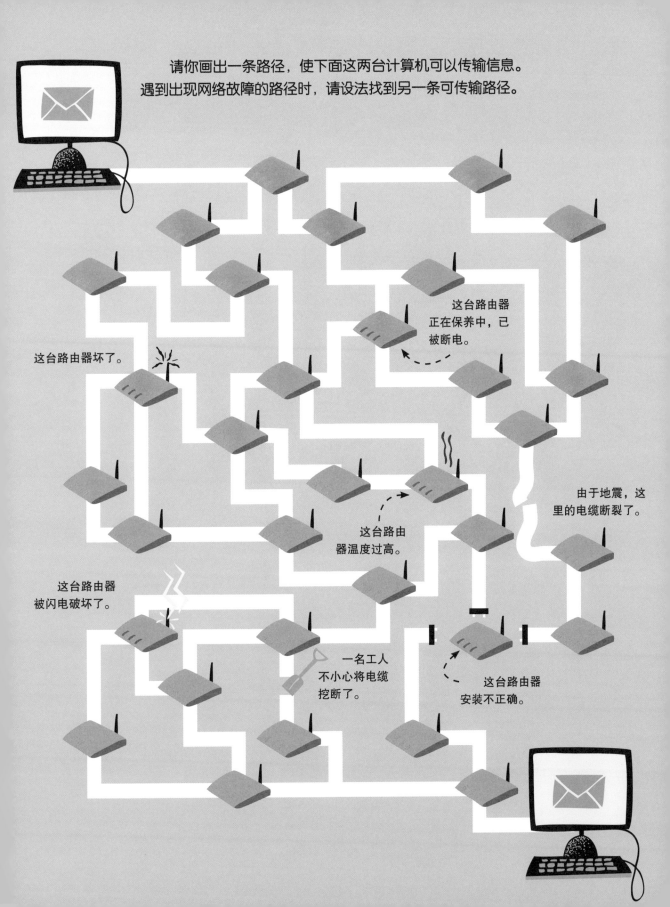

请你画出一条路径，使下面这两台计算机可以传输信息。
遇到出现网络故障的路径时，请设法找到另一条可传输路径。

这台路由器
正在保养中，已
被断电。

这台路由器坏了。

由于地震，这
里的电缆断裂了。

这台路由
器温度过高。

这台路由器
被闪电破坏了。

一名工人
不小心将电缆
挖断了。

这台路由器
安装不正确。

纺织技术

纺织机械工程师负责设计用来加工和制造纺织品的机器，同时还会研发新的纺织材料。接下来，我们将利用纸张体验纺织机械工程师的工作！

这是经线。
（经线呈纵向分布）

这是纬线。
（横向穿过经线）

纺织物是由经线和纬线按照一定的规律交错组成的。

经纬线的不同交织方式会影响织物的属性。

眼见为实

请用下一页的模板，或者从"STEAM实验素材库"中下载并打印。

根据提示折叠并裁剪纸张，然后编织出右图所示的图案。

平纹

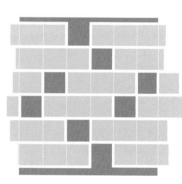

缎纹

测试一下

抖动

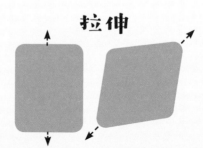

拉伸

拧

哪种编织方法的柔韧性更强？哪种编织方法更牢固呢？

沿黑色实线裁剪出6张纸条

纬线

1	2	3	4	5	6

制作经线

请先沿黑色实线裁出长方形，然后沿白色虚线折叠。在保持折叠的情况下再沿白色实线裁剪，注意裁剪时不要超过白色实线的两端。展开后就可以开始编织啦！

沿白色虚线折叠

沿白色实线裁剪

用于编织平纹

纬线

沿白色虚线折叠

沿白色实线裁剪

用于编织缎纹

1	2	3	4	5	6

沿黑色实线裁剪出6张纸条

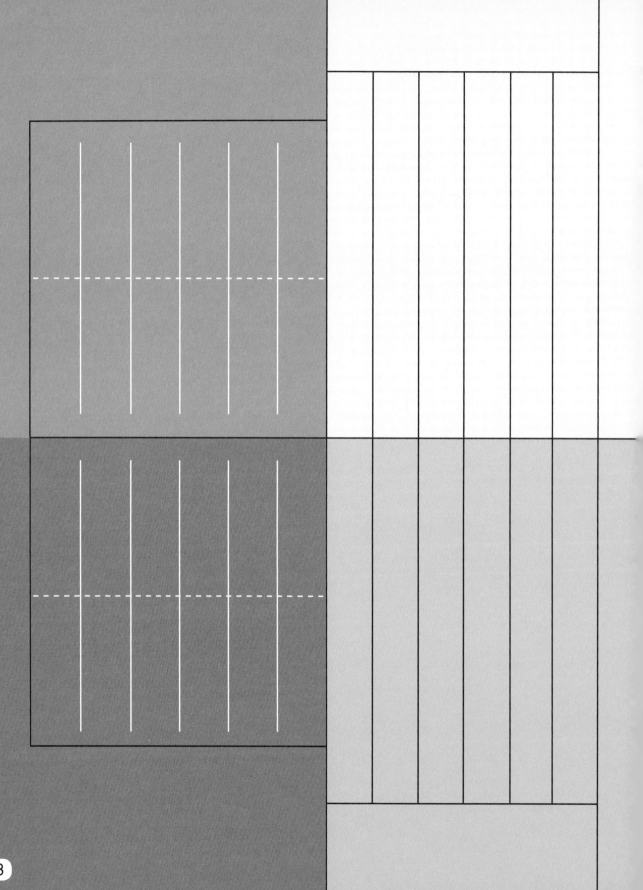

地形图测绘

无人机可以用来勘探地形。工程师利用无人机收集到的数据绘制地形图。

无人机

照相机可以拍摄。

传感器可以测量海拔。

海拔（米）

海拔0米表示与海平面齐平。

绘制出的地形图：

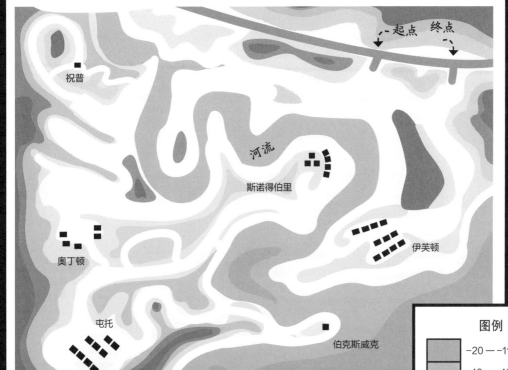

起点　终点

祝普

河流

斯诺得伯里

奥丁顿

伊芙顿

屯托

伯克斯威克

负数表示海拔高度低于海平面。

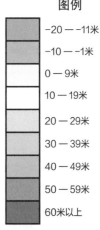

图例

-20 — -11米

-10 — -1米

0 — 9米

10 — 19米

20 — 29米

30 — 39米

40 — 49米

50 — 59米

60米以上

工程师正在设计一条公路，计划将地形图中所有的小镇连接起来。公路必须建在海拔10—19米的地带，因为其他地带的地势太陡峭了。

请你帮工程师规划一条符合要求的路线，遇到河流时可以架设桥梁。

人工假肢

生物医学工程师为因病致残或者在事故中失去肢体的患者研制假肢。人工假肢必须根据患者的具体情况来定制，这样才能与患者相匹配，运用自如。

动手设计

你可以用自己的小臂做框架，然后根据下面的指导在假肢内部添加零件。

电极

用于接收大脑发出的肌电信号。

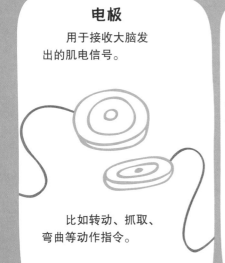

比如转动、抓取、弯曲等动作指令。

接受腔

用于将假肢固定到穿戴者的残肢上。

柔软的内衬（可以保护皮肤）

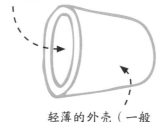

轻薄的外壳（一般用塑料制成）

控制装置

负责将肌电信号传递给发动机，由发动机带动假肢运动。

假肢的内部结构大致如图中这个样子。

手部装置

手腕和手指部位的发动机：

控制手腕屈伸和转动，手指弯曲和伸直。

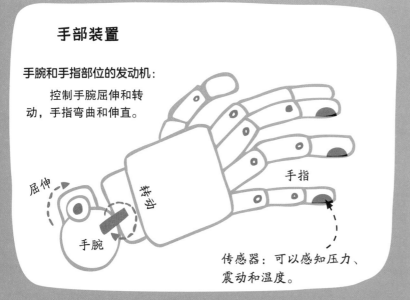

屈伸

转动

手指

手腕

传感器：可以感知压力、震动和温度。

你还想给人工假肢增加哪些功能呢？

触摸屏手掌？

会发光的指尖？

半机械人奥运会

半机械人奥运会是生物医学工程师和机器人工程师的盛会，他们将在这场盛会上检验自己的发明是否真的可以为残疾人士带来便利。

参赛者们竞相挑战闯关。你能设计出一些设备，帮助腿部残疾的人士完成下面的三项挑战吗？

挑战一：爬楼梯

坐在普通的轮椅上可不能实现爬楼梯。

改良轮椅？

给轮椅装上有抓握力的特殊轨道？

设计一套机械化套装？

这种机械化套装也叫作动力外骨骼。

挑战二：穿过崎岖不平的地形

对于坐在轮椅上的人来说，穿过崎岖不平的地形几乎是一件不可能的事。

让轮椅飞起来？

给轮椅安装机械化的"蜘蛛腿"？

挑战三：从扶手椅上站起来

这意味着要帮助残疾人士移动他们的大腿，使他们成功站立起来。

利用可以吸住墙面的吸盘，将残疾人士拉起来？

设计出能接收大脑指令的人工假肢？

这种假肢需要用到一种叫脑机接口的设备。

53

外星着陆

发射宇宙飞船是一件极其艰难的事，但这只是诸多挑战之一，航天工程师还需要想办法让宇宙飞船在其他的星球上安全着陆。

为了使"好奇号"火星探测器安全登陆火星，工程师们采用了以下技术：

着陆舱

1

利用降落伞减速，但降落伞需要靠大气阻力来减缓下降速度，然而火星上的大气非常稀薄……

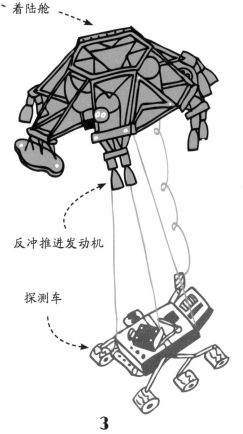

2

所以，工程师通过在着陆舱安装反冲推进发动机，来减缓下降速度。

反冲推进发动机

探测车

"好奇号"重达900千克，比一头成年的北极熊还重。

更小的探测器会采用巨大的安全气囊，来减缓降落时的冲击力。

3

当着陆舱接近火星表面时，探测车就被缓慢地放置在火星表面。

砰！

砰！

4

随后，着陆舱飞到650米之外的地方坠毁。

这个着陆舱下降速度太快了!

请你给下面的着陆舱设计一些特殊的装置，来减缓它的下降速度，使它平稳着陆。你可以使用降落伞、安全气囊或者其他方法。

头脑风暴

安装滑翔翼?

可自动弹出的
气垫?

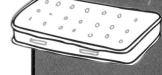

安装弹簧以
减缓冲力?

依靠特殊的气球
来缓慢下降?

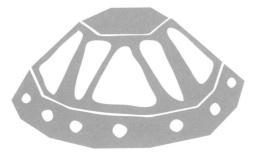

穿在身上的科技

可穿戴设备是指人们可以穿戴在身上的便携式设备。

下面这些特殊的设备可用于保护滑雪者的生命安全，并能够测量出他们的运动数据。

护目镜

内置屏幕可以接收来自卫星的信号，为滑雪者提供实时信息，比如：

跳跃高度和空中停留时长

速度和海拔

地理位置

手套

内置加热器，可以让手部保持温暖。

手表

可以测量滑雪者的心率。

背包

发生碰撞或雪崩时可以充气膨胀，防止滑雪者受伤。

请你为登山者设计一些可穿戴设备，帮助他们在穿越雨林时避免各种各样的危险。

下面的创意可能会带给你灵感！

救援!

一种可以向天空发射求救信号的设备？

毒虫攻击

当有毒的虫子落在身上时，内置探测器可以监测出。

一种可自动喷洒驱虫剂的装置？

迷路

在茂密的雨林里很容易迷路。

一条具有卫星定位功能，同时可以指引迷路者找到正确方向的腰带？

"向左走!"

让建筑物更稳固

下面这两种用纸做的建筑物，哪一种更容易被风吹倒呢？

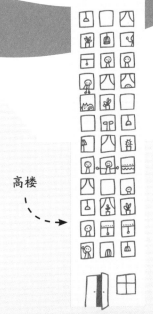

高楼

小房子

猜一猜:

你猜测的结果正确吗？

动手建造

你可以使用下一页的模板，或者从"STEAM实验素材库"中下载并打印，然后按照提示折出两种建筑物。

检验答案

将折好的建筑物并排放在一起，然后对着它们扇风，看看哪一座最先被吹倒。

哪一座最先被风吹倒？

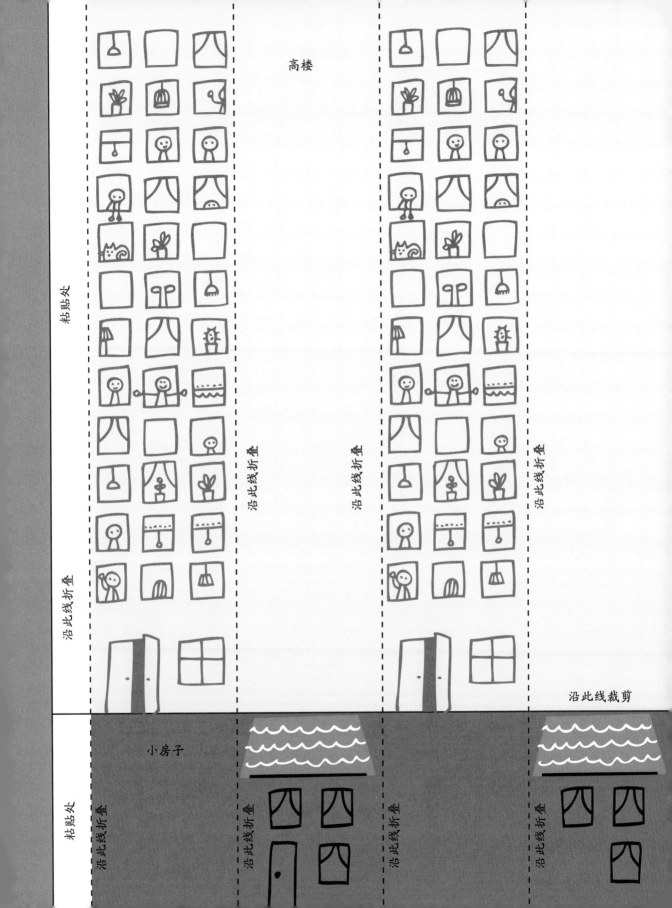

高楼

粘贴处

沿此线折叠

沿此线折叠

沿此线折叠

沿此线折叠

沿此线裁剪

小房子

粘贴处

沿此线折叠

沿此线折叠

沿此线折叠

沿此线折叠

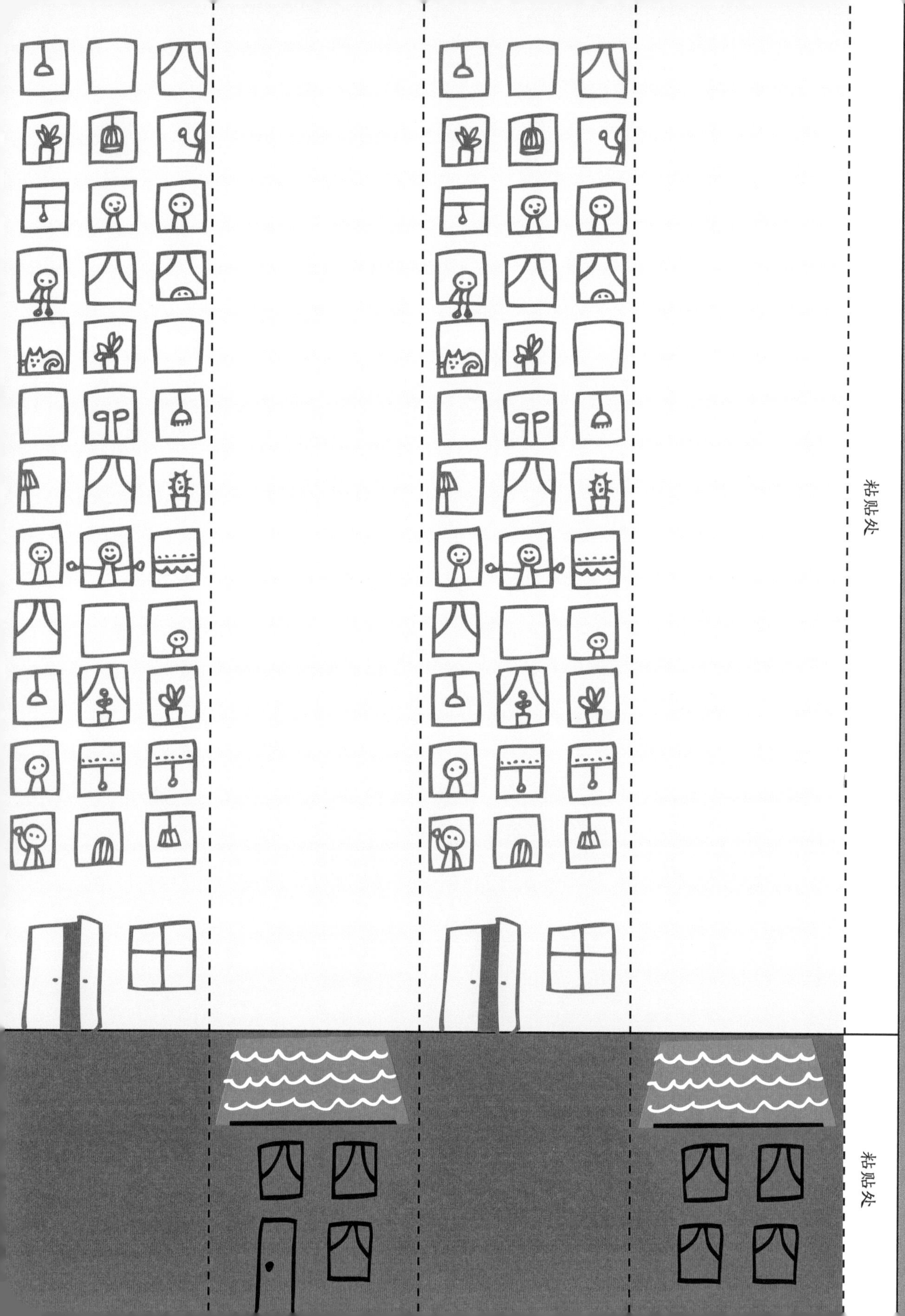
粘贴处
粘贴处

结果可能是……

高楼被吹倒了。

小房子屹立不倒。

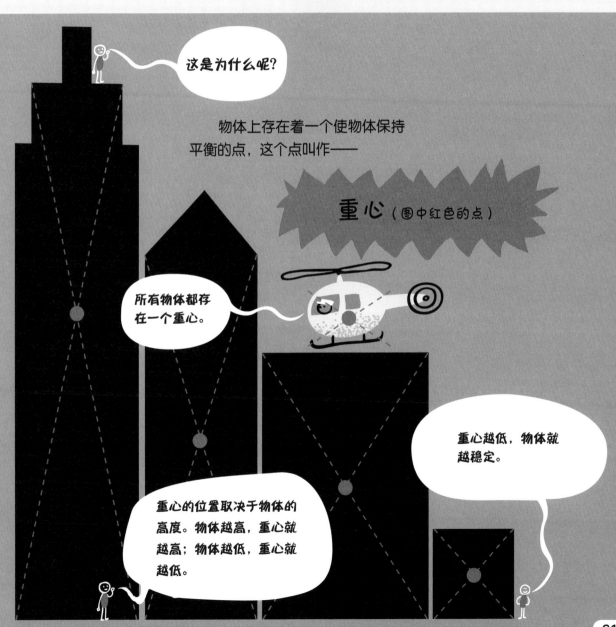

这是为什么呢?

物体上存在着一个使物体保持平衡的点，这个点叫作——

重心（图中红色的点）

所有物体都存在一个重心。

重心越低，物体就越稳定。

重心的位置取决于物体的高度。物体越高，重心就越高；物体越低，重心就越低。

重心的变化

增加建筑物顶部的重量，它的重心会随之向上移。

增加建筑物底部的重量……

或者在地底下打深深的地基，建筑物的重心则会向下移。

重心下移小实验

想一想，怎样改造这座建筑物，可以使它的重心向下移呢?

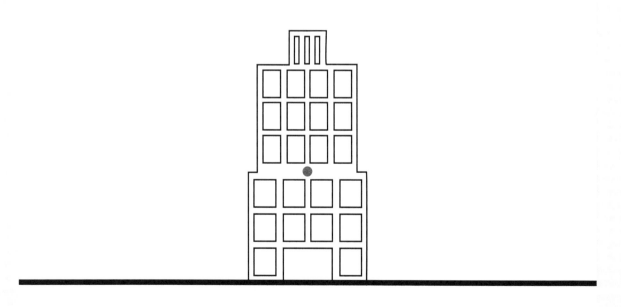

你可以翻到第79页查看工程师经常使用的方法。

伟大的发明

根据下面的线索，你能将这些发明与它们的创造者用线连起来吗？

珀西·斯本塞
物理学家。在做雷达实验时，他发现口袋里的巧克力熔化了。

格蕾丝·赫柏
计算机科学家。她还是美国海军少将。

约翰·罗杰·贝尔德
工程师。他是电动机械电视系统的发明人。

斯蒂芬妮·克沃勒克
化学家。她发现了一种韧性好、强度高的材料。

玛丽·安德森
她发现下雨天司机的视线会受雨水的影响。

凯夫拉
一种可用于制作防弹衣、自行车车轮以及网球拍等的材料。

电视
一种可以传输声音和画面的设备。

微波炉
利用微波加热食物。

雨刮器
可以清洁汽车的挡风玻璃。

FLOW-MATIC编程语言
实现了使用人类的语言（英语）进行编程，以前使用的是由数字组成的机器语言。

1110100111
000101110
101110101

If equal go to
Operation 5;
Otherwise go to
Operation 2.

绘制电路图

电路图是指用电路元器件符号表示电路设备装置的组成和连接关系的简图。电气工程师使用电路图来表示机器和建筑物中的电器是如何工作的。

电路的起点和终点是电源的两极，比如一节电池有正负两极。

电路中的各种器件，比如灯泡、扩音器等，叫作电路元器件。

电从电池的一端经过导线流向另一端。

负极　　正极
电池　　打开开关　　闭合开关
电动机　　灯泡　　扩音器　　蜂鸣器

画电路图时要用统一的元器件符号。

下面是一幅非常简单的电路图，只有一个开关和一个灯泡。

在这个自动门电路中，当闭合右侧的开关1时，门铃里的蜂鸣器就会响起来。

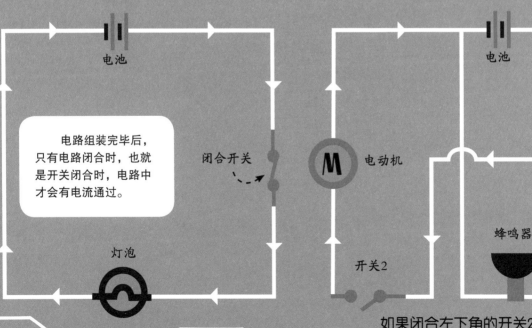

电路组装完毕后，只有电路闭合时，也就是开关闭合时，电路中才会有电流通过。

电池　　闭合开关　　电动机　　开关1

灯泡　　开关2　　蜂鸣器

如果闭合左下角的开关2，电动机就会将门打开。

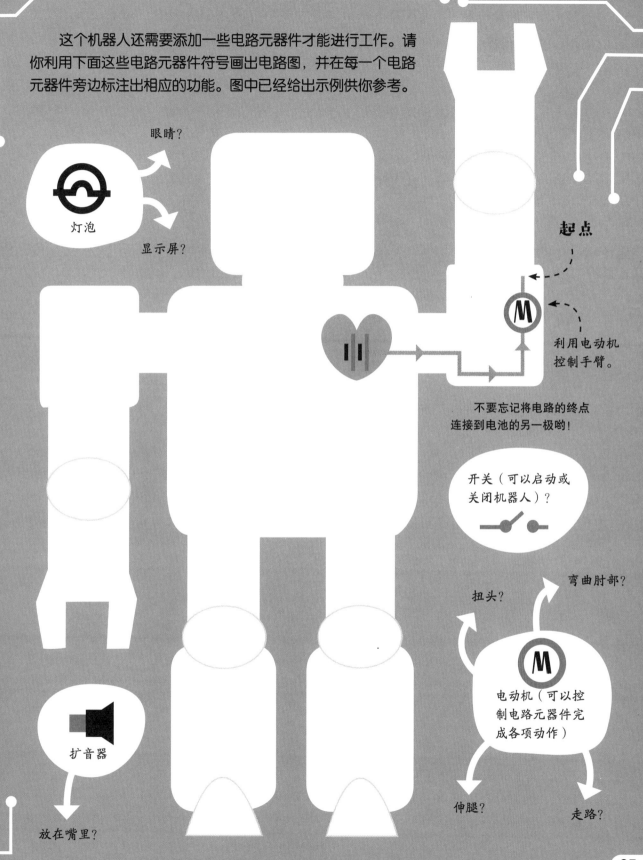

这个机器人还需要添加一些电路元器件才能进行工作。请你利用下面这些电路元器件符号画出电路图，并在每一个电路元器件旁边标注出相应的功能。图中已经给出示例供你参考。

眼睛?

灯泡

显示屏?

起点

利用电动机控制手臂。

不要忘记将电路的终点连接到电池的另一极哟!

开关（可以启动或关闭机器人）?

扭头?

弯曲肘部?

电动机（可以控制电路元器件完成各项动作）

扩音器

放在嘴里?

伸腿?

走路?

冲上云霄

动手制作纸飞机和纸直升机，体验一下航天工程师的工作吧！
制作纸直升机的步骤在第69页。

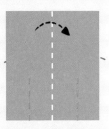

纸飞机

请使用下一页的模板，或者从"STEAM实验素材库"中下载并打印。

先沿中线对折。

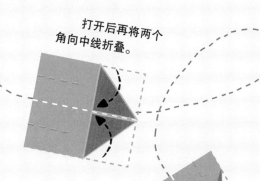

打开后再将两个角向中线折叠。

如图，继续向中线折叠。

再沿中线对折。

沿橙色虚线向下翻折，做出纸飞机一侧的机翼。

按照相同的方法，做出另一侧的机翼。

将机翼平展开，然后将纸飞机扔出去。

你发现了什么？多试几次，将你观察到的现象记录下来。

飞行日志：

纸飞机能够在空中持续飞多久？

纸飞机大概能够飞多远？

纸飞机是否沿直线飞行？

纸飞机

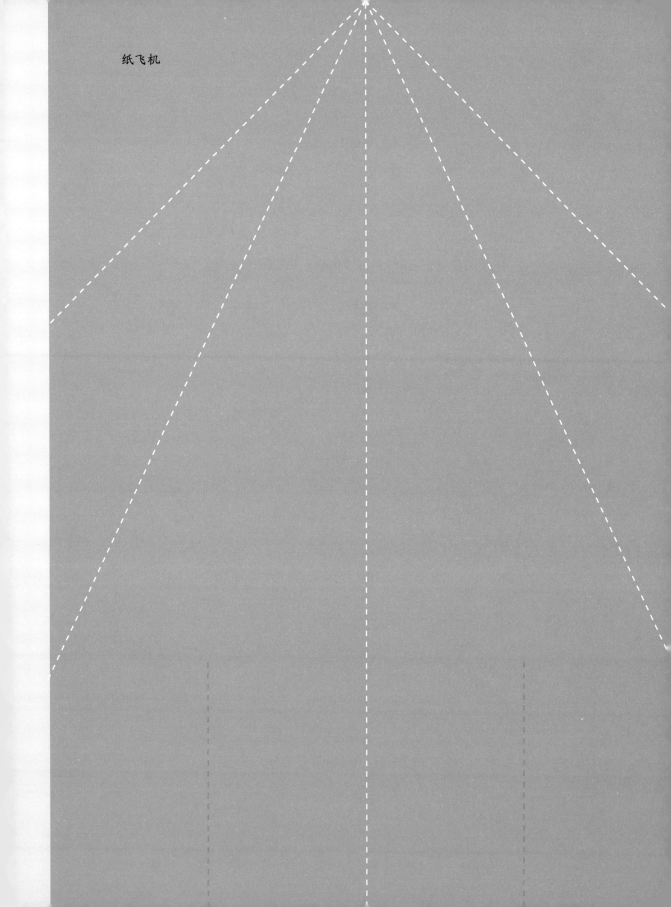

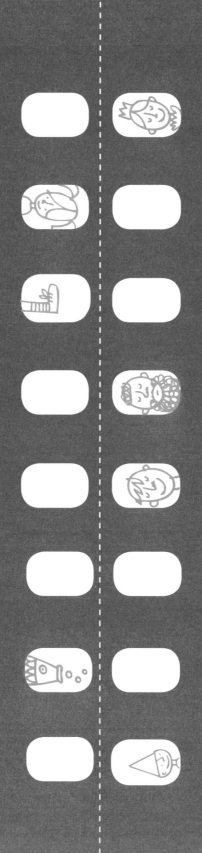

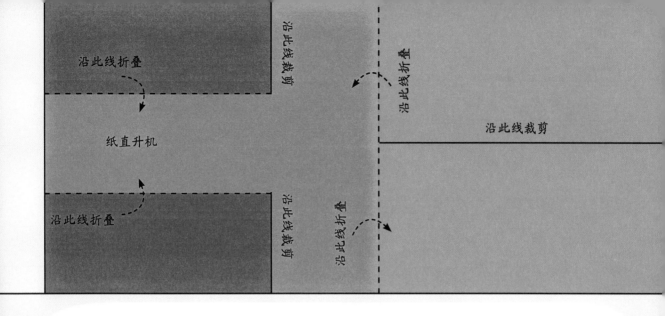

纸直升机

你可以直接使用上面的模板，或者从"STEAM实验素材库"中下载并打印。

请沿实线裁剪。

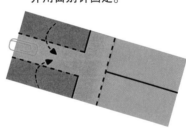

如图，沿虚线向里折叠，并用曲别针固定。

将绿色部分分别向前和向后折叠，做出旋翼。

现在，站在高处或者踮起脚，放飞纸直升机！

多试几次，将你观察到的现象记录下来。

飞行日志：

纸直升机在空中飞了多久？

旋翼是否会转动？往哪个方向转？

将两片旋翼分别向相反的方向折叠再放飞，发生了什么变化呢？

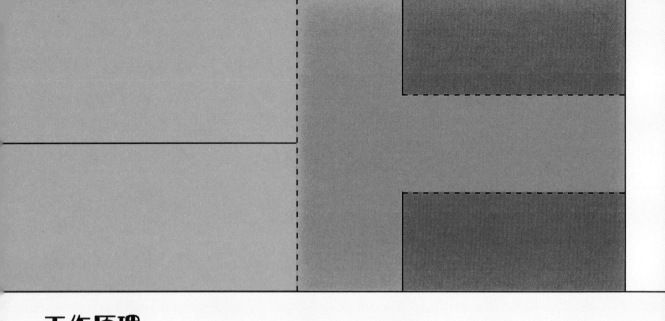

工作原理

当纸飞机滑翔时，空气在机翼周围流动，使纸飞机能够保持在空中不掉落。

当纸飞机减速时，在机翼周围流动的空气也随之减少，纸飞机开始下降。

空气

纸飞机的质量很轻，一阵强风就可以改变它飞行的方向。

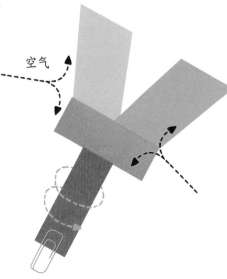

当纸直升机下降时，旋翼会受到空气阻力。

空气

每一片旋翼受空气阻力的方向不同，使旋翼产生转动。

将两片旋翼分别向相反的方向折叠，纸直升机旋转的方向也会相反。

折起翼尖

这会改变空气在纸飞机尾翼周围流动的路径。

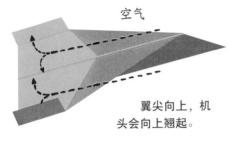

空气

翼尖向上，机头会向上翘起。

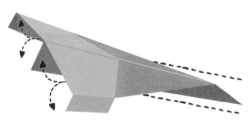

翼尖向下，机头会向下压低。

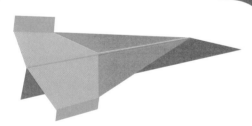

试试看，如果一侧的翼尖向上，一侧的翼尖向下，会发生什么？

增加曲别针

增加曲别针的数量会使纸直升机的质量变大，所受的重力也变大，这意味着需要更大的空气阻力才能使旋翼转动起来。

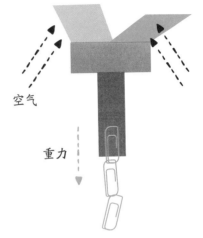

空气

重力

再增加几个曲别针，纸直升机的旋翼会发生什么变化？

当纸直升机所受的重力过大时，空气阻力就不足以转动旋翼了……

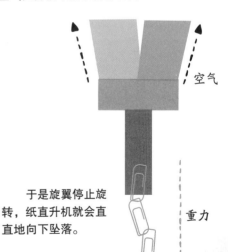

空气

于是旋翼停止旋转，纸直升机就会直直地向下坠落。

重力

你可以翻到第80页查看会发生的现象。

搭建国际空间站

建立国际空间站，是人类有史以来最伟大的工程项目之一。国际空间站有一个足球场那么大，比450辆轿车加在一起还要重。这意味着一次性将整个空间站运输到太空是不现实的，我们只能分次运输，并在太空进行组装。

在国际空间站，可以看到……

太阳能电池板：用来收集太阳能，为空间站的运行供电。

你想象中的国际空间站是什么样子的？你想为国际空间站添加哪些设备呢？请在下面画出来。

将这根绳子系在出舱的航天员身上。

添加一架望远镜，用于从太空观测地球。

画一艘正在为航天员提供补给的宇宙飞船。

小型飞行器，将
补给货物运输到
对接口处。

增压座舱：保证舱内
适当的空气含氧量和
适当的气温，供航天
员正常生活。

一条大型机械臂，
可以抓住并移动航
天器。

空间站里还有什么？实验室？
卧室？……请你画出来吧。

对接口

再添加一个观景舱或一个专门
用来存储货物、食物的储物舱。

未来畅想

人类每年一共会产生大约20亿吨垃圾，这对地球来说是一个巨大的环境问题。关注地球可持续发展的工程师正在研发新的材料，以尽可能地减少产生垃圾的数量。

使用可以回收利用的材料。比如：

玻璃

铝（一种金属）

这些材料可以循环使用。

纸

硬纸板

这些材料可以被回收再利用5—7次，但最终会被生物降解。

避免使用不可回收利用的材料。比如：

某些塑料在被回收处理的过程中会释放有害的化学物质。

保鲜膜

不同材料组合在一起的包装物，在回收前需要进行分类处理。

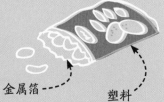

金属箔

塑料

设计出可以循环使用的产品。比如：

能多次使用的……

超市运输食物用的物流筐

使用后可以折叠起来放进仓库，等待下次再使用。

或者经改造后能使用的……

改造后可以做成衣架……

装西服的包装袋……

和纸袋。

一次性塑料制品对环境的危害极大，因为它们很难被回收利用，而且无法降解。如果将一次性塑料制品扔在户外或者丢进海里，它们很可能对动物产生危害，或对生态环境造成污染等。

请你完成下面的表格。想一想，每种塑料制品可以怎样被回收利用？你能否找到一种更环保的物品来代替这些塑料制品？下面有一些建议，或许能给你一些启发。

塑料制品	重新利用	替代品
塑料瓶	花瓶？	玻璃杯或者铝瓶？
塑料袋	鞋套？	可降解的纸袋？
塑料吸管	编成菜篮子？	用完后可以吃掉的吸管？

参考答案

第14页 结实的承重柱

你将会发现圆柱是最牢固的。

圆柱没有角，任何加在上面的重量都会被均匀地分散。这也就是为什么建筑物中的承重柱常使用圆柱。

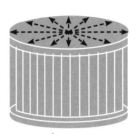

加在三棱柱和矩形柱上面的重量会被分散到各个角，所以这些角的位置比较脆弱，建筑物容易坍塌。

第17页 机器中的齿轮

最上面的齿轮需要顺时针转动。

第18页 机械让我们更轻松

滑轮

斜面

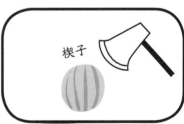

楔子

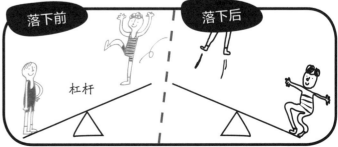

落下前　落下后

杠杆

76

第22页 坚实的桥梁

你将会发现桥梁3上面可以放置的硬币最多，其次是桥梁2，最后是桥梁1。

当在纸桥上放置一个物体时，物体会对桥梁产生一股向下的压力。

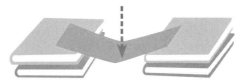

如果纸面是平的，那么这股力量就会集中在一个区域，这个区域就要承担全部的重量。

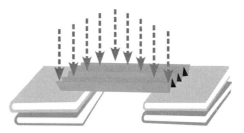

如果将纸面折叠，那么这股力量就会被分散到各条棱，即受力面增大。所以，棱越多，承重能力就越强，纸桥就越牢固。

第25页 流进千家万户

丘陵地区

水泵

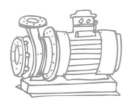

地下河流

隧道和管道

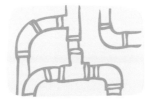

峡谷

高架渠

被污染的水

污水处理厂

第30页 深海探险

正确的程序如下：

第32页 机器人厨师

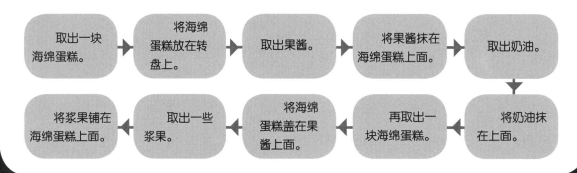

取出一块海绵蛋糕。 → 将海绵蛋糕放在转盘上。 → 取出果酱。 → 将果酱抹在海绵蛋糕上面。 → 取出奶油。

将浆果铺在海绵蛋糕上面。 ← 取出一些浆果。 ← 将海绵蛋糕盖在果酱上面。 ← 再取出一块海绵蛋糕。 ← 将奶油抹在上面。

第38页 锁定犯罪嫌疑人

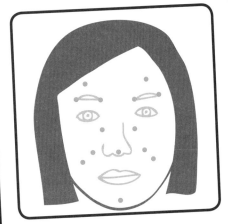

出现在犯罪现场的是嫌疑人C。

第44页 信息高速公路

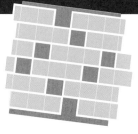

第46页 纺织技术

你会发现平纹比缎纹更牢固。

这是因为在平纹中，经线和纬线交织得更密集，每张纸条可移动的空间更小。

但是缎纹比平纹弹性更强，更容易拉伸。

第58页 让建筑物更稳固 （可能的解决方案）

1.建造深深的地基

　　建筑物的地基有两种类型——浅地基和深地基。下面是它们的示意图：

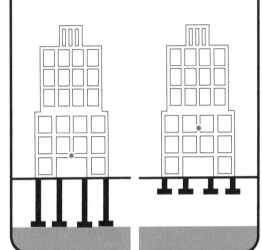

2.增加建筑物底部的重量

　　这样能使建筑物的重量集中在低处，它的重心也会下降。比如，增加一间地下室，或者扩大低楼层的面积。

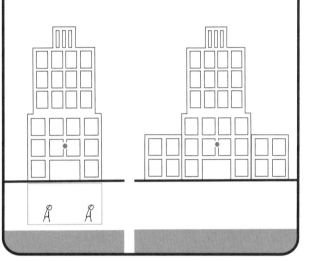

关于地基的小知识

浅地基

　　最浅的地基可以只挖1米深。
　　这里介绍了几种不同的类型：

独立基础：当建筑物上部为框架结构承重时，常采用这种独立基础。

条形基础：当建筑物采用砖墙承重时，常采用条形基础。

筏形基础：当建筑物的荷载较大时，常采用这种整块钢筋混凝土基础。

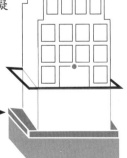

深地基

　　指地基位于地下深处坚硬的土层或岩石上，这样可以将地基承受的重量传递给岩石，让建筑物更坚固耐久，同时还能降低建筑物的重心，使建筑物保持稳定。一些高楼的地基可深达65米。

第63页 伟大的发明

斯蒂芬妮·克沃勒克
凯夫拉

珀西·斯本塞
微波炉

格蕾丝·赫柏
FLOW-MATIC
编程语言

约翰·罗杰·贝尔德
电视

玛丽·安德森
雨刮器

第66页 冲上云霄

如果一侧的翼尖向上，另一侧的翼尖向下，空气则会从与各自翼尖相反的方向推动机翼，使得纸飞机向一侧倾斜，甚至快速旋转起来。

再增加几个曲别针，你会发现纸直升机旋翼旋转的速度会越来越快。

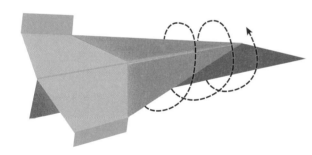

图片版权

第28页：牛蒡种子实物图，版权归Dennis Kunkel Microscopy/Science Photo Library所有；牛蒡种子钩住物体实物图，版权归Dr Jeremy Burgess/Science Photo Library所有；鲨鱼皮实物图，版权归Eye of Science/Science Photo Library所有；仿鲨鱼皮泳衣实物图，版权归Miranda Waldron/University of Cape Town所有。

特别感谢

感谢埃迪·雷诺兹、达伦·斯托巴特在本书文字方面的贡献，
彼特拉·班在插画方面的贡献，
艾米丽·巴登、佐伊·弗雷、霍莉·拉蒙特在设计方面的帮助，
罗西·迪金森在编辑方面的帮助，
伦敦学院大学工程教育中心的沙农·灿斯教授对本书知识进行的审订，
苏黎世联邦理工学院半机械人奥运会研究团队允许我们在第52—53页提及半机械人奥运会的相关内容。